美しく不思議な
ウミウシ

写真・文
今本 淳

二見書房

はじめに

　ウミウシ写真集の三作目となる『美しく不思議なウミウシ』は、現在の撮影フィールドである奄美大島のウミウシと奄美移住以前に日本各地で撮影したウミウシたちが登場する、いわばこれまでの集大成的な内容となりました。また、前作までに登場したウミウシについても新たに撮影した私のお気に入りカットを掲載しましたので、是非、この機会にご覧いただければと思います。

　撮影機材も大きく変化しました。高性能マクロレンズを装着したミラーレス一眼デジカメとメーカー純正の水中ハウジングに、これまで活用してきた自作のライティング概念を組み合わせることで最高のウミウシ専用水中カメラが完成しました。今回はそのシステムで撮影したカットが三分の二近くを占めています。

　コラムページは、写真展の際にお寄せいただいた「ウミウシの探し方」や「疑問・質問」にお答えする形式で構成しました。新しい撮影機材についても詳しく紹介しておりますので、ウミウシに出会うためのヒントや撮影方法の一例としてご参考いただければ幸いです。

contents

- アデヤカミノウミウシ —— 8
- アデヤカイボウミウシ —— 9
- ウデフリツノザヤウミウシ —— 10
- クロスジアメフラシ —— 11
- アカネコモンウミウシ —— 12
- シライトウミウシ —— 13
- フトガヤミノウミウシ —— 14
- ロマノータス・ウエルミフォルミス —— 15
- オオコノハミノウミウシ —— 16
- シンデレラウミウシ —— 17
- ゾウゲイロウミウシ —— 17
- ヒオドシユビウミウシ —— 18
- コイボウミウシ —— 19
- アマクサウミコチョウ —— 20
- アマミウミコチョウ —— 21
- セスジミノウミウシ —— 22
- ミノウミウシ上科の1種1 —— 23
- ゾウゲイロウミウシ —— 26
- ダンゴイボウミウシ —— 27
- ゴマフビロードウミウシ —— 28
- クロミドリガイ —— 29
- アオウミウシ —— 30
- ウスイロウミウシ —— 31
- クロスジリュウグウウミウシ —— 32
- タテヒダイボウミウシ —— 32
- シライトウミウシ —— 33
- オトヒメウミウシ —— 33
- シロボンボンウミウシ —— 34
- ヒロウミウシ —— 35
- クロスジリュウグウウミウシ —— 36
- クロコソデウミウシ —— 37
- ジボガウミウシ —— 42
- ニシキリュウグウウミウシ属の1種 —— 43
- ハナオトメウミウシ —— 44
- カナメイロウミウシ —— 45
- フレリトゲアメフラシ —— 46
- ミチヨミノウミウシ —— 47
- クサイロモウミウシ —— 48
- フィロデスミウム・クリプティクム —— 49
- ネズミウミウシ —— 52
- トウヨウモウミウシ —— 53
- キャラメルウミウシ —— 54
- ルージュミノウミウシ —— 55
- ホシゾラウミウシ —— 56
- ノウメア・ワリアンス —— 57
- ウデフリツノザヤウミウシ —— 57
- コールマンウミウシ —— 58
- プラティドーリス・サングイネア —— 59
- チギレフシエラガイ —— 62
- マダライロウミウシ —— 63
- ゾウアメフラシ —— 64
- チシオウミウシ —— 65
- リュウグウウミウシ —— 66
- ノウメア・ワリアンス —— 67
- フトガヤミノウミウシ —— 68
- アデヤカミノウミウシ —— 68
- キイロイボウミウシ —— 69

- リュウモンイロウミウシ —— 70
- アンナウミウシ —— 71
- キスジカンテンウミウシ —— 72
- コンペイトウウミウシ —— 73
- セスジスミゾメミノウミウシ —— 74
- イチゴジャムウミウシ —— 76
- ユキヤマウミウシ —— 77
- クチナシイロウミウシ —— 78
- ミドリリュウグウウミウシ —— 79
- カラスキセワタ —— 82
- ツルガチゴミノウミウシ —— 83
- ヨセナミウミウシ（仮称）—— 84
- サンカクウミウシ —— 85
- カノコウロコウミウシ —— 86
- ミノウミウシ上科の1種2 —— 87
- サフランイロウミウシ —— 88
- クリヤイロウミウシ —— 89
- ヒラツヅレウミウシ —— 90
- ミヤコウミウシ —— 91

はじめに —— 02
本書の見方 —— 06

原寸大で大集合 その1 —— 24
原寸大で大集合 その2 —— 60
原寸大で大集合 その1 —— 80

おわりに —— 92
索引 —— 94

column1
ウミウシQ&A —— 38

column2
ウミウシ探し —— 50

column3
撮影機材 —— 75

本書の見方

和名
学名
体長／撮影場所及び水深／カメラ
解説コメント

実際の大きさを表示したシルエット
（縮小して表示しているものもありますが、
　縮小率は各頁を参照してください）

アデヤカミノウミウシ
Flabellina exoptata

17mm ／鹿児島・奄美大島 5m ／E-M5

「艶やか」という表現がピッタリのウミウシです。奄美大島では秋から冬にかけてよく見られますが、何度出会ってもこの美しさに惹かれて毎回撮影しています。

アデヤカイボウミウシ
Phyllidiopsis cardinalis

50mm／鹿児島・奄美大島 5m／E-M5

イボウミウシの仲間では最も色鮮やかな種類だと思います。見つけたときは二次鰓が引っ込んだ状態のイロウミウシの仲間だと思ってしばらく様子を見ていたくらいで、イボウミウシ科への私の概念が吹っ飛びました。

ウデフリツノザヤウミウシ
Thecacera pacifica

15mm／鹿児島・奄美大島 6m／E-M5

ダイバーからは、「ピカチュウ」の愛称で呼ばれています。あまりに似ていることから、「このウミウシがモデルだったのでは？」という噂もあります。本当のところはどうなのでしょうね？

クロスジアメフラシ
Stylocheilus striatus

10mm ／鹿児島・奄美大島 3m ／ E-M5

このポーズ、クロスジアメフラシやクロヘリアメフラシがよくやっています。おそらく、海藻に擬態しているのだと思うのですが、なかなかフォトジェニックで、私は見るたびに撮影します。

アカネコモンウミウシ
Chromodoris collingwoodi

15mm ／鹿児島・奄美大島　4m／E-M5

水温が下がってきた12月の撮影でしたが、見つけた瞬間に寒さを忘れるほど美しいウミウシでした。こんな出会があるからウミウシ撮影はやめられないのですよね。

シライトウミウシ
Chromodoris magnifica

40mm／鹿児島・奄美大島 5m／E-M5

ウミウシが少ない時期でも、奄美大島のある場所に行くと必ず居てくれるありがたい存在のウミウシです。透明度が良くない日でしたが悠々とした姿が印象的な個体でした。

フトガヤミノウミウシ
Cuthona yamasui

10mm／鹿児島・奄美大島 15m／E-M5
現地ガイドさんから目撃情報をいただいて撮影できました。別種の可能性もあるようですが、Sea Slug Forum の情報を元にこの種として掲載しました。ミノの模様がミツバチみたいですね。

ロマノータス・ウエルミフォルミス
Lomanotus vermiformis

30mm ／鹿児島・奄美大島 12m ／ E-M5

このウミウシも現地ガイドさんから情報を頂いて撮影できました。餌のカヤの仲間に付着し擬態しているので、かなりの観察眼がないと見つけることができません。サスガですね。

オオコノハミノウミウシ
Phyllodesmium longicirrum

160mm／鹿児島・奄美大島 12m／E・M5
砂地を移動中のとても大きな個体でした。数週間後に近くの岩場で再会したのですが、その時は黄色いソフトコーラルを食べていました。最初に出会った時は餌を求めて移動中だったようですね。

原寸の1/2

ロマノータス・ウエルミフォルミス
Lomanotus vermiformis

30mm ／鹿児島・奄美大島 12m ／ E-M5

このウミウシも現地ガイドさんから情報を頂いて撮影できました。餌のカヤの仲間に付着し擬態しているので、かなりの観察眼がないと見つけることができません。サスガですね。

オオコノハミノウミウシ
Phyllodesmium longicirrum

160mm／鹿児島・奄美大島 12m／E・M5

砂地を移動中のとても大きな個体でした。数週間後に近くの岩場で再会したのですが、その時は黄色いソフトコーラルを食べていました。最初に出会った時は餌を求めて移動中だったようですね。

原寸の1/2

ロマノータス・ウエルミフォルミス
Lomanotus vermiformis

30mm／鹿児島・奄美大島 12m ／ E-M5

このウミウシも現地ガイドさんから情報を頂いて撮影できました。餌のカヤの仲間に付着し擬態しているので、かなりの観察眼がないと見つけることができません。サスガですね。

オオコノハミノウミウシ
Phyllodesmium longicirrum
160mm／鹿児島・奄美大島 12m／E-M5
砂地を移動中のとても大きな個体でした。数週間後に近くの岩場で再会したのですが、その時は黄色いソフトコーラルを食べていました。最初に出会った時は餌を求めて移動中だったようですね。

原寸の1／2

ヒオドシユビウミウシ
Bornella anguilla
35mm／鹿児島・奄美大島 4m／E-M5
和名の「緋縅（ひおどし）」をイメージして正面顔を撮ってみました。体をくねらせて魚のように泳ぐこともできるウミウシで、撮影していると泳ぎだすこともあります。

コイボウミウシ
Phyllidiella pustulosa
25mm／鹿児島・奄美大島 5m／E-M5
奄美大島で最も一般的なウミウシだと思います。そして、どんなにウミウシが少ない時でも必ず姿を見せてくれて私を安心させてくれます。今回はヒドロ虫の間をのんびり移動しているところを撮影しました。

アマクサウミコチョウ
Gastropteron bicornutum

5mm／鹿児島・奄美大島 7m／E-M5

体長5mmほどのとても小さなウミコチョウの仲間です。近くによく似たマダラウミコチョウもいたのですが、おしりの突起が二本あることで見分けられました。和名は模式産地の九州・天草からの命名ですね。

アマミウミコチョウ
Gastropteron sp.

4mm／鹿児島・奄美大島 2m／SP-510UZ

ウミコチョウ科の不明種ですが、論文にて「アマミウミコチョウ」の和名が提唱されました（日本初記録地である奄美大島に由来する命名です）。冬から春に手広ビーチでみることができますよ。

セスジミノウミウシ
Flabellina rubrolineata

15mm／鹿児島・奄美大島3m／C-755UZ
ヒドロ虫喰いのセスジミノウミウシが今まさに食べようとアタックしている瞬間のカットです。この後、次々と食べていくところを観察しながら撮影しました（食事中の正面カットをコラム欄に掲載しています）。

ミノウミウシ上科の1種1
Aeolidoidea sp.1

18mm／静岡・伊豆 9m／C-750UZ

学名も和名もない不明種です。かなりレアな種類のようで、観察例も少ないのですが、私はラッキーなことに現地のガイドさんに見せていただきました。

原寸大で大集合！ その1

クロスジアメフラシ
P.11

フトガヤミノウミウシ
P.14

ウデフリツノザヤウミウシ
P.10

アカネコモンウミウシ
P.12

アデヤカミノウミウシ
P.08

アデヤカイボウミウシ
P.09

シライトウミウシ
P.13

ゾウゲイロウミウシ
P.26

ダンゴイボウミウシ
P.27

ゴマフビロードウミウシ
P.28

ロマノータス・ウエルミフォルミス
P.15

オオコノハミノウミウシ
P.16

コイボウミウシ
P.19

セスジミノウミウシ
P.22

ミノウミウシ上科の1種1
P.23

アマミウミコチョウ
P.21

アマクサウミコチョウ
P.20

シンデレラウミウシ
P.17

ゾウゲイロウミウシ
P.17

ウスイロウミウシ
P.31

クロスジリュウグウウミウシ
P.32

ヒオドシユビウミウシ
P.18

タテヒダイボウミウシ
P.32

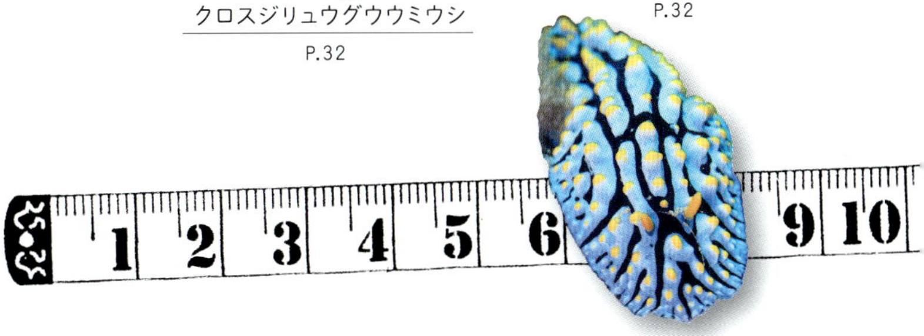

アオウミウシ
P.30

クロミドリガイ
P.29

25

ゾウゲイロウミウシ
Hypselodoris bullocki
30mm／鹿児島・奄美大島 7m／C-755UZ
最初のウミウシ写真集の入稿直後に撮影したお気に入りのカットで、写真展でも特大のパネルで展示しました。いつかこの写真を表紙にした続編を出したいと思っていましたが、その願いが三作目にしてかないました。

ダンゴイボウミウシ
Ceratophyllidia africana

14mm／鹿児島・奄美大島 8m／E・M5
新しく潜り始めたダイビングポイントで出会いました。触角を確認するまではウミウシとは認識できずにホヤの仲間だと思ってました。透明感のあるイボがなんとも可愛らしいウミウシですね。

ゴマフビロードウミウシ
Jorunna parva

20mm／福井・越前 5m／C-750UZ

ビロード生地で作られた小さな縫いぐるみのようなかわいいウミウシです。このような黄色系が一般的ですが、極稀に白系の個体もいます。

クロミドリガイ
Elysia atroviridis

8mm／福井・越前 2m／C-750UZ
巻き貝の仲間のウミウシが巻き貝に「こんにちは」している素敵なシーンです。ダイビング終了間際に撮影したのですが、ウミウシはごく浅い場所にもいるので、完全に海から上がるまでは気が抜けませんよ。

アオウミウシ
Hypselodoris festiva

20mm／静岡・伊豆 0.5m／C-700UZ

日本で最も一般的な種類で、私が最初に出会ったのもアオウミウシでした。でも、沖縄・奄美には生息していません。これには、太古の大陸移動が関係しているのかもしれませんね。写真は海綿を食べているところです。

ウスイロウミウシ
Hypselodoris placida

9mm／静岡・伊豆 0.5m／C-700UZ
和名にウスイロとついてますが、太陽光がよくあたる浅瀬で見たこの個体は、とても色鮮やかでした。二次鰓（お尻の方の花びらのような部分）の開き具合も見事ですね。

クロスジリュウグウウミウシ
Nembrotha lineolata
35mm／奄美大島 6m／E-M5

タテヒダイボウミウシ
Phyllidia varicosa
60mm／奄美大島 8m／E-M5

原寸の1/2

原寸の1/2

32

シライトウミウシ
Chromodoris magnifica
35mm／奄美大島 8m／E-M5

オトヒメウミウシ
Chromodoris kuniei
60mm／奄美大島 5m／E-M5

原寸の1/2

シロボンボンウミウシ
Gymnodoris sp.

15mm／鹿児島・奄美大島 9m／E-M5
他のウミウシを食べるキヌハダウミウシ科の仲間です。愛嬌のある姿ですが、図鑑によると「本種による他の後鰓類の食害はいちじるしい」とのことですので、いろいろな種類のウミウシを食べてしまうようです。

ヒロウミウシ
Okenia hiroi

7mm／神奈川・真鶴 0.5m／C-700UZ
ヒロウミウシを初めて撮ったのはフィルムカメラのころで、現像するまではイソギンチャクだと思っていました。デジカメになってからは、撮影してすぐに細部を確認できるので便利になりました。

クロスジリュウグウウミウシ
Nembrotha lineolata
30mm／鹿児島・奄美大島 7m／SP-510UZ
クロスジリュウグウウミウシがホヤの仲間を食べているところです。同じシーンを何度か確認していますので、このホヤが好物のようです。

クロコソデウミウシ
Polycera hedgpethi

15mm／鹿児島・錦江湾 20m／C-750UZ

奄美移住の際に旅した鹿児島の錦江湾で撮影した思い出の一枚です。憧れの現地ガイドさんにいろいろな海洋生物を紹介していただきましたが、いつか、じっくりウミウシ探しもしてみたい海でした。

Column 1
umiushi Q&A

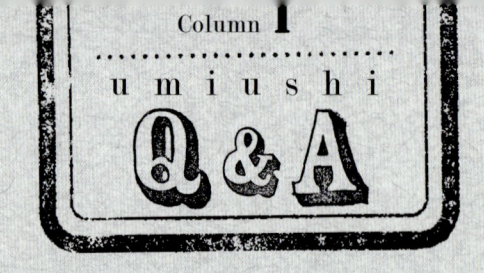

Q ウミウシって何の仲間？

A 貝殻を持たない巻き貝の仲間です

フリソデミドリガイ（小さな貝殻を持つ）　ニシキツバメガイ（体内に貝殻を持つ）　アカテンイロウミウシ（貝殻を持たない）　コンシボリガイ（元ウミウシ）

卵から孵ってすぐの「ベリジャー幼生」のときは巻き貝の幼生と同じ姿をしており、小さな貝殻を持っています。その状態で海中を浮遊し、住みやすい場所を見つけると貝殻を脱ぎ捨てて着底しウミウシの姿に変わります。一部に貝殻を残したまま成体になる種類もいますが、目立たない小さな貝殻を持っている程度です。また、最近の分類では比較的大きな貝殻を持つグループ（ベニシボリガイ科、ミスガイ科など）が、別の生物として再分類されました。このような事情で、第一弾の写真集『ウミウシ 不思議ないきもの』にはウミウシとして登場したコンシボリガイが現在は元ウミウシということになっています。

Q 「うみうし」という名前の由来は？

A 「うみうし」という呼び名の由来にはハッキリとしたものがありません

ニシキウミウシ 　シロウミウシ 　サラサウミウシ 　コモンウミウシ

平野義明・著の『ウミウシ学』によると、1892年（明治25年）から1894年（明治27年）の3年間に藤田経信という学者によって論文に記載された「あおうみうし」、「しろうみうし」、「なしじうみうし」、「こもんうみうし」、「さらさうみうし」、「にしきうみうし」、「くもがたうみうし」、「ねずみうみうし」、「にくいろうみうし」の九種が、学問の世界で最初に「うみうし」という四文字を使ったと考えられています。そして、「だいぶ調べてみたのだが、ウミウシという名前の由来は、結局わからなかった」とウミウシ学にも書かれていますので、由来については「不明」ということになると思います。それでも、牛のツノのような二本の触角や、ゆっくりとした動きから、命名した人の気持ちはわかる気がします。

Q 種類が同じなら色や模様も同じなの？

A 多少の個体差はありますが基本的には同じです

センヒメウミウシ（色彩差異の例）　センヒメウミウシ（色彩差異の例）　ミカドウミウシ（成体）　ミカドウミウシ（幼体）

ただし、同じ種類でも色や模様に大きな差異が出る個体もいます。これは、生息環境や微妙な餌の違いなどからくるものと思われますが、時には、その違いで同一種が別種に分類されていたり、その逆に別種に再分類されることもあります。また、近年はDNAによる分類も行われています。例外的に「ミカドウミウシ」は成長の過程で色と模様が大きく変化します。

Q 何を食べるの

A 餌は種類によって様々です

コノハミドリガイ（海藻食）　セスジミノウミウシ（刺胞動物食）　アオウミウシ（海綿食）　オキナワキヌハダウミウシ（ウミウシ食）

まず、肉食系と草食系の二つに分けられます。草食系のウミウシは海藻類（海草類）を食べます。ただ食べるだけではなく、摂取した葉緑素を体内に温存し光合成を行わせ栄養を得る種類もいます。肉食系のウミウシはちょっと複雑です。刺胞動物を食べて毒針を武器として再利用する種類や、摂取した海綿などから化学合成で毒素を生成する種類、褐虫藻を持つ動物から褐虫藻だけを消化せずに取り込んで光合成を行わせ栄養を得る種類など餌の特徴を二次利用するウミウシもいますし、ウミウシや魚の卵を食べ手っ取り早く栄養を摂取したり、更にはウミウシそのものを食べるウミウシがいたりします。そして、雑食性の種類もいます。

Q どうしてこんなに色鮮やかなの？

A ウミウシの色合いや形状・模様の特徴については学術的に二つの考え方があります

ヒラタイビドリガイ（海藻に擬態）　エリシア・トメントサ（海藻に擬態）　イソウミウシ（海綿に擬態）　アデヤカミノウミウシ（警戒色＝刺胞を持っている）

一つは「毒をもっているよ、食べても美味しくないよ」ということをアピールする「警戒色」で、もう一つは別の生物や景観に色や姿形を似せる「擬態」です。どちらも外敵などから身を守るための手段だと考えられています。そして、ウミウシファン的にはもう一つの理由があります。それは、ウミウシの写真展にご来場いただいた方が話してくださった「ウミウシは美しい色合いや不思議な姿形で人々を楽しませてくれる」という理由です。そうです、私はそれに魅了されてウミウシを専門に撮影するようになったのです。ということで、私がウミウシの色や模様について説明するときは、この三つの理由をお話ししています。

Q 食べられるの？

A 巻き貝の仲間のウミウシですが、基本的には食べられません

アメフラシ　　アメフラシ　　アメフラシの卵　　タツナミガイ

ほとんどのウミウシが体内に微弱な毒素を持っていて食用には適しません。研究者がウミウシの体を舐めてみたらなんとも言えない苦い味がしたという話もあります。例外的に、日本にはアメフラシとその卵を食べる地域があり、海外のフィジーではアメフラシ科のタツナミガイを食べる習慣もあるそうです。また、近年の研究ではウミウシが生成する科学物質の一部が人間の治療薬に応用できるといった医学研究の事例もあります。

Q 何種類くらいいるの？

A 日本には1100〜1200種類が生息しています

図鑑や論文を総括的に見ると日本全体で約1200種類が生息していると考えられていましたが、「ウミウシって何の仲間？」にも書いたように、近年、ウミウシの分類が少し整理され、ほんのすこしですが種類数が減っており、現時点では日本全体で1100〜1200種類くらいになると思います。世界全体では3000〜3500種類と考えられていますので、日本だけで世界のウミウシの3分の1が見られることになります。これは、北海道から沖縄まで南北に長く、暖流と寒流の両方に接している日本だからだと思います。

Q ウミウシの名前にはおもしろいものがたくさんあるけれど、これって正式な名称なの？

A 基本的に正式な名称ですが、諸事情があります

シモフリカメサンウミウシ（最近の和名）　　イチゴジャムウミウシ（最近の和名）　　ナギサノツユ（昔からの和名）　　フジイロウミウシ（昔からの和名）

今でこそ楽しい名前のウミウシがたくさんいますが、その多くは近年出版されたウミウシ専門図鑑によって、それまで名無しだったウミウシたちに和名を提唱するかたちで誕生しました。「シモフリカメサンウミウシ」や「イチゴジャムウミウシ」など「即物的脱力系」ではあるけれど、親しみやすく思わず笑みがこぼれる和名は、

その種類の特徴をよく表していると思いますし、私も大好きです。しかし、和名は学術論文によって提唱されることが一般的であるため、異議のある方もいるはずです。このような状況の中、近年、若い世代のウミウシ研究者による分類学術論文によって今まで少し曖昧な立ち位置だったウミウシの和名が次々と正式に提唱されています。

Q 何年くらい生きるの？

A 通常は数カ月と考えられています

正確なことはわからないのですが、同じ種類のウミウシであっても環境によって寿命は異なるようです。たとえば、（生息可能水温域の範囲では）低水温下だと代謝が遅くなり長生きするとか、餌が豊富で外敵が少なければ長生きするようです。私の撮影行動範囲内での観察ですと同じ個体と思われるウミウシが確認できるのはいずれも数カ月間程度のようです。これが寿命なのかどうかは定点観察を行わないと判断が難しいですが、悲しいことに環境破壊や異常気象による変動もありそうです。

Q 新種を見つけたことがある？

A 新種の可能性があるウミウシをたくさん撮影しています

Herviella mietta
ヘルウィエッラ・ミエッタ
（記載種・和名なし）

Gastropteron sp.
アマミウミコチョウ
（不明種・和名あり）

Aeolodoidea sp.
ミノウミウシ上科の1種
（不明種・和名なし）

Chromodoris colemani
コールマンウミウシ
（記載種・和名あり）

個人的にウミウシ界は新種の宝庫なのではないかと考えています。なぜなら、まだ名前が無く種類が決まっていないと思われるウミウシをたくさん撮影しているからです。ただし、「名前が無い＝新種」ということにはなりません。新種と思われるウミウを研究して他のどの生物とも異なることを論文に記述し承認されなければ、それは「未記載種」や「不明種」ということになります。ここで少し混乱しそうなのが、不明種であっても和名が有るウミウシと、学名があり種が特定されている記載種でも和名が無いウミウシがいることです。前者は日本での観察記録論文や図鑑で和名のみ提唱された場合に、後者は日本以外で新種記載された場合などに発生します。これらのウミウシを日本の図鑑に掲載する場合、和名が無い場合は学名（ラテン語）のカタカナ読みで、種が特定されず和名も無い場合は属や科の大まかな分類の学名に「sp.」をつけ記載し、和名表記の部分には「〜の1種」と記載するのが一般的です。

ジボガウミウシ
Glossodoris misakinosibogae

20mm／山口・青海島 12m／C-750UZ
一般的な種類ですが、なかなか出会う機会がなくて、奄美移住の際に立ち寄った山口県で友人ダイバーに見せていただきました。ウミウシファンとしては、珍しいウミウシを撮るよりも重要なことです。

ニシキリュウグウウミウシ属の1種
Tambja sp.

15mm／静岡・伊豆 20m／C-700UZ
黄色と紺色だけのシンプルな構成ですがものすごく存在感のある色彩だと思います。多色のウミウシも好きですが、こういうのもけっこう好きです。目撃例は少なくないのですが、和名も学名もない不明種です。

ハナオトメウミウシ
Dermatobranchus ornatus

50mm／静岡・伊豆 24m／C-2040Z
オトメウミウシの仲間の中では一番色鮮やかだと思います。普段はあまり潜らない外海の比較的深い場所で出会いました。この写真を見ると「たまには深場にもいかなくちゃ」と思います。

カナメイロウミウシ
Hypselodoris kaname

17mm／静岡・伊豆 2m／C-700UZ
とても色鮮やかで目立つ姿に見えますが、海の中では海綿や海藻など他の生物に紛れてしまうため、事前に図鑑などで調べておかないと意外にみつけられないものです。

フレリトゲアメフラシ
Bursatella leachii

140mm／山口・青海島 4m／C-750UZ

ちょっとグロテスクに見えるかもしれませんが、その姿が海獣みたいで私は大好きです。そのままだと地味に見える色も写真に撮ると美しいブルーの斑点が浮かび上がります。

原寸の1/4

ミチヨミノウミウシ
Cuthona sibogae

12mm／山口・青海島 12m／C-750UZ
奄美移住の際に立ち寄った山口県で友人ダイバーに見せていただきました。大小二匹のウミウシが仲良く寄り添っているように見えますが、実は交接しているところです。

クサイロモウミウシ
Costasiella paweli

5mm／鹿児島・奄美大島 7m／SP-510UZ
この種が属するオオアリモウミウシ科のウミウシは奄美大島にもいろいろ生息しているはずなのですが、まだ三種類しか見つけていません。私の苦手分野なのかもしれませんね。

フィロデスミウム・クリプティクム
Phyllodesmium crypticum

12mm／鹿児島・枕崎 3m／C-750UZ

奄美移住の際に鹿児島の枕崎で出会いました。メタリックなブルーがとても印象に残っています。ぱっと見ウミウシには見えませんが、よーく見ると右側に触角と触手が見えます。和名はまだ無いようです。

Column 2 ウミウシ探し

ダイビングでのウミウシ探し

スキューバ・ダイビングでウミウシを探せば様々な種類に出会うことができます。ただし、海に潜ればどこでもよいというわけではなく、ウミウシが好みそうな場所と季節を選ぶことが重要です。まず、餌が豊富にあるような場所で探してみましょう。餌は海綿や海藻、ヒドロ虫やカヤなどの刺胞動物です。それらが増える時期と場所でウミウシを探せば出会うことができるはずです。一般的には秋から春にかけてがシーズンとなりますが、北陸の越前のように夏がシーズンの地域もあります。

探し方にもいくつかのコツがあります。ダイバーの方ならよくご存じだと思いますが、海の中はとても色鮮やかなのにウミウシはとても小さないきものですから、流すように移動しながら見つけることはとても困難です。まずはウミウシが居そうな場所をじっくり観察しましょう。最初はなにも居ないように思えても少しすると目が慣れてきてウミウシの姿が浮かび上がってきます。そうして一個体見つけると、次から次へと連鎖的に見つけられることがあります。

夜行性のウミウシなどははゴロタ石の裏側にいることもあります。そおっと石の裏側を見てみましょう。この時もじっくり観察しながら探すことが重要です。そして、ウミウシが居ても居なくても、必ず石を元の状態に戻すようにしてください。石を裏返したまま放置することは海洋生物の生活環境を壊すことになります。また、岩が大きくせり出したオーバーハングの下側もウミウシが好む場所です。そのような場所で使う「アオリ」という上級テクニックもあるのですが、これは誰にでもおすすめできるという方法ではありませんので、お会いする機会があればご説明いたします。

岩のオーバーハングでウミウシを探す（奄美大島）

夏にウミウシシーズンを迎える越前海岸（福井）

ウミウシがたくさんいた海水浴場（福井・越前海岸）

磯でのウミウシ探し

　ダイビングで海に潜らなくてもウミウシに出会うことは可能です。潮が引いたときにできる磯の潮だまりや穏やかな入江の海水浴場などでウミウシを探してみましょう。探し方のコツは基本的にダイビングの時と同じですが、じっくり観察しながら探せる水深50〜60cm位の場所が適してます。

　風の無い日ならば水面からの目視で見つけることも可能ですが、箱メガネを使って水中を観察するのがおすすめです。最近はプラスチック製の安価なものも販売されていますので、ためしてみてください。水中メガネとシュノーケルを持っているならば、海水浴場や大きめの潮だまりで海に浮かびながら探すのも楽しいですよ（私はこのスタイルです）。その場合はケガや日焼けから身を守るためウエットスーツやラッシュガード、マリンブーツ、軍手などを着用しましょう。

　最近はそのまま水中で使用できるデジカメもありますので、ウミウシの撮影にもぜひチャレンジしてみてください。浅瀬でウミウシを撮影する場合は、日陰や逆光にならないようカメラを構える向きに気をつければフラッシュを使わなくても十分キレイに撮影できます。それでもの足りなくなった場合は、ダイビングで使う本格的な水中デジカメで撮影してみるのもよいでしょう。

　磯でウミウシを探すのは、ダイビングで探すのより劣っているような感じを受けるかもしれませんが、実は磯の浅瀬でないと見られない種類のウミウシも存在します。ですので、ダイビングでウミウシを見ている人も、機会があったら、磯の潮だまりで探してみてください。図鑑では「希少種」になっているような種類に出会えるかもしれませんよ。

磯の潮だまり（伊豆・下田）

ネズミウミウシ
Platydoris tabulata?

40mm／神奈川・真鶴 0.5m／C-750UZ

学名に「?」がついているように、ネズミウミウシは記載が曖昧で分類学的再検討が必要な種となっています。それはさておき、このとぼけた感じの雰囲気が個人的に最高にツボにハマったカットです。

トウヨウモウミウシ
Aplysiopsis orientalis

16mm／静岡・伊豆 9m／C-750UZ
種類は特定されていますが、かなり珍しい部類だと思います。現地のガイドさんに見せていただいたのですが、やはり潜り込んでいる人はすごいと感じたウミウシでした。

キャラメルウミウシ
Glossodoris rufomarginata

30mm／鹿児島・奄美大島　3m／C-755UZ

この色合いと質感から、「キャラメル」よりも『カラメル焼き』を思い出してしまうのは私だけでしょうか？　でも、もっと小さい個体だったら、やっぱりキャラメルですかね。

ルージュミノウミウシ
Flabellina rubropurpurata

17mm／鹿児島・奄美大島 4m／SP-510UZ
背中のミノの色が真っ赤なことからこの和名になったのでしょう。これだけ目立つ色合いなのにいつも堂々としているのは、ミノの先端に毒針を持っているからです（強い毒ではないですよ）。

ホシゾラウミウシ
Hypselodoris infucata

40mm／鹿児島・奄美大島 5m／E-M5
赤い海綿の向こう側からこんにちは、と言いたいところですが、実際はこの海綿を食べにきたところのようです。なんとなく仮面ライダーを連想するのは私だけではないですよね。

ノウメア・ワリアンス
Noumea varians
15mm／奄美大島 5m／E-M5

ウデフリツノザヤウミウシ
Thecacera pacifica
15mm／奄美大島 4m／E-M5

57

コールマンウミウシ
Chromodoris colemani

30mm／鹿児島・奄美大島 10m／E-M5
なんとなくほのぼのした雰囲気で気に入っているカットです。こういうシーンをのんびり撮影するのが楽しいです。和名も学名も、コールマン博士への献上名ですね。

プラティドーリス・サングイネア
Platydoris sanguinea

33mm／鹿児島・奄美大島 9m／E-M5
左手前にある渦状のオレンジ色の卵を二匹で守るように寄り添っていました。おそらくこのウミウシたちのものでしょう。撮影していたら一度離れたのですが、また直ぐに戻ってきました。和名はまだありません。

原寸大で大集合！ その2

ジボガウミウシ P.42

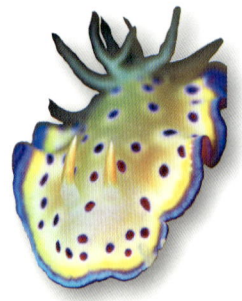

オトヒメウミウシ P.33

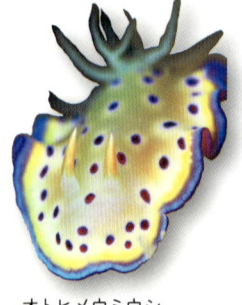

シロボンボンウミウシ P.34

ヒロウミウシ P.35

クロスジリュウグウウミウシ P.36

ニシキリュウグウウミウシ属の1種 P.43

ネズミウミウシ P.52

シライトウミウシ P.33

クロコソデウミウシ P.37

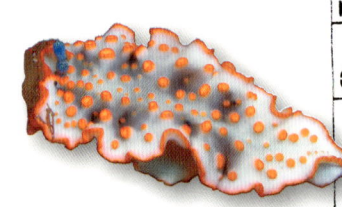

ハナオトメウミウシ P.44

カナメイロウミウシ P.45

トウヨウモウミウシ P.53

キャラメルウミウシ P.54

ミチヨミノウミウシ
P.47

フィロデスミウム・クリプティクム
P.49

チギレフシエラガイ
P.62

マダライロウミウシ
P.63

ルージュミノウミウシ
P.55

クサイロモウミウシ
P.48

ノウメア・ワリアンス
P.57

フレリトゲアメフラシ
P.46

コールマンウミウシ
P.58

ウデフリツノザヤウミウシ
P.57

プラティドーリス・サングイネア
P.59

ホシゾラウミウシ
P.56

61

チギレフシエラガイ
Berthella martensi
20mm／鹿児島・奄美大島 10m／E-M5
名前が示すように、外敵に襲われると節にそって体の一部を自らちぎって難を逃れるという痛々しい技を持っています。見つけたときはそっと撮影・観察してくださいね。

マダライロウミウシ
Risbecia tryoni
50mm／鹿児島・奄美大島 6m／SP-510UZ
二匹のウミウシがつながって移動しているところです。まるで路面電車のようで、何回見ても面白い光景です。この行動は一部のウミウシに見られる特性ですが、理由は解明されていないそうです。

原寸の1/2

ゾウアメフラシ
Aplysia gigantea

600-700mm／東京・八丈島 3m／C-2040Z

ウミウシの中で一番大きくなる種類です。通常は15cmの定規で体長を測定するのでですが、この時は自分の腕の長さで仮測定し、その後で腕を測定する方法で調べましたので、誤差はやや大きいです。

原寸の1／10

チシオウミウシ
Aldisa cooperi

50mm／静岡・伊豆 24m／C-2040Z

オレンジー色に見えますが、よ〜く観察すると黒い斑紋が数個確認できます。「ここまでやるなら全部オレンジにしなよ」って思いますが、それがこのウミウシの特徴なのです。不思議ですね。

原寸の1/2

リュウグウウミウシ
Roboastra gracilis

14mm／鹿児島・奄美大島 5m／E-M5
触角がサングラスみたいで、カッコつけているような、いい感じのカットが撮れました。リュウグウウミウシはよくポーズをとってくれるので撮影におすすめです。

ノウメア・ワリアンス
Noumea varians

15mm／鹿児島・奄美大島 4m／E-M5
小さな気泡にカメラのフラッシュが映り込んでいます。自作ディフューザーならではの光り方なのですが、「おおっ！ こんな感じに光ってるんだ」って思わず感心してしまいました。

フトガヤミノウミウシ
Cuthona yamasui
25mm／奄美大島 10m／E-M5

アデヤカミノウミウシ
Flabellina exoptata
15mm／奄美大島 4m／C-755UZ

キイロイボウミウシ
Phyllidia ocellata

50mm／鹿児島・奄美大島 6m／E-M5
普通に横や上から撮ると沢山の大きな目のような模様
（たぶん威嚇模様）がおどろおどろしのですが、正面から
だと触角が可愛らしく感じます

リュウモンイロウミウシ
Hypselodoris maritima
17mm／鹿児島・奄美大島　5m／E-M5
白、青、黄色、赤、黒、この配色って、ガンダムカラーですよね（知らない人、ごめんなさい）。今回は特に発色の良い個体で、往年のガンダムファンの私としては嬉しい出会いで、動画も撮影しました。

アンナウミウシ
Chromodoris annae

35mm／鹿児島・奄美大島 4m／E-M5
今回の写真集の締め切り最終日に撮ったカットです。このポーズは、上げ潮のゆるい流れに身をゆだねてまったりしているところですね。ギリギリまで撮影した甲斐があって、よいシーンに出会えました。

キスジカンテンウミウシ
Halgerda diaphana

40mm／鹿児島・奄美大島 10m／E-M5
「ほぇ〜」って声が聞こえてきそうな表情です。撮影していたらこの状態になって、その後、ゆっくり向きを変えて移動していきました。きっと、撮影のプレッシャーを感じたのでしょう。

コンペイトウウミウシ
Halgerda carlsoni
35mm／鹿児島・奄美大島 12m／E-M5
下からの構図でお菓子のコンペイトウぽく撮ってみました。でも見方によっては、上から見下ろされているように見えなくもないですね。

セスジスミゾメミノウミウシ
Protaeolidiella juliae

38mm／鹿児島・奄美大島 7m／E-M5

「スミゾメミノウミウシ」として分類される場合もありますが、最近の図鑑では背中の線模様の有無とミノの特徴の違いから、「セスジスミゾメミノウミウシ」として別種で掲載されています。体の部分が黒い個体が一般的ですが、このような褐色になるものもいます。赤いウミヒドラ類に着生するので絵になりますね。

Column 3 撮影機材

新しいウミウシ撮影用カメラシステムの紹介

　本書では2013年10月に導入したミラーレス一眼デジタルカメラで撮影したカットが約三分の二を占めています。このページではその新しいカメラシステムについてご紹介いたします。

　システムの大きな変更は、カメラとレンズです。これまでは高倍率ズーム搭載のコンパクトデジカメに水中脱着式の自作クローズアップレンズで撮影してきましたが、新しいシステムでは、レンズ交換式ミラーレス一眼デジカメに高性能マクロレンズと市販のクローズアップレンズに変更しました。この構成に、以前から使用している自作のディフューザーと外部ストロボを組み合わせることで、私のウミウシ撮影の肝となる今までと同じライティングコンセプトでの撮影が可能となりました。また、旧システムと比較すると自作部分を減らしながら操作性の向上と高画質化およびフルハイビジョンでの動画撮影もできるようになり、最近は動画撮影も積極的に行っています。

◀ 前側
▼ 後側

【システム構成】
・カメラ：OLYMPUS OM-D E-M5
・レンズ：OLYMPUS M.ZUIKO DIGITAL ED 60mm F2.8 Macro
・クローズアップレンズ：Kenko Tokina PRO1D AC No.3
・水中カメラハウジング：OLYMPUS PT-EP08
・水中レンズポート：OLYMPUS PPO-E03
・フォーカスギア：OLYMPUS PPZR-EP03
・ストロボ：SEA&SEA YS-02
・アームシステム：INON（一部自作）
・ディフューザー：自作
・水中ライト（動画撮影用）：INON LE700-W
・ビューファインダー：自作
・フロート：ビニー 水中フロート（中）

イチゴジャムウミウシ
Aldisa sp.

20mm／鹿児島・奄美大島 5m／E-M5
前作掲載の個体よりもっと「苺ジャム」っぽい個体を撮影できました。黒い点模様の種っぽさとかかなり雰囲気出ていると思います。

ユキヤマウミウシ
Reticulidia fungia

35mm／鹿児島・奄美大島 12m／E-M5
透明度が良く背景のブルーが綺麗な日だったので、快晴の雪山をイメージして撮影してみました。このカットを見て冬の八ヶ岳とか連想していただけたら、撮影者としては最高ですね。

クチナシイロウミウシ
Hypselodoris whitei

25mm／鹿児島・奄美大島 5m／E-M5
撮り頃サイズのクチナシイロウミウシが悠々としていたのでバシバシ撮影していたら、「何撮ってんだよ」って睨まれてしまいました──的なカットですかね。

ミドリリュウグウウミウシ
Tambja morosa

32mm／鹿児島・奄美大島 7m／E-M5
この配色、本当に不思議というか驚きです。オートで撮影すると体は真っ黒に写ってしまうのですが、そこは任せて下さい。ちゃんと和名にあるように緑色が浮かび上がる露出設定で撮影しています。

原寸大で大集合！ その3

リュウグウウミウシ
P.66

アデヤカミノウミウシ
P.68

チシオウミウシ
P.65

ノウメア・ワリアンス
P.67

フトガヤミノウミウシ
P.68

キイロイボウミウシ
P.69

リュウモンイロウミウシ
P.70

アンナウミウシ
P.71

カラスキセワタ
P.82

ツルガチゴミノウミウシ
P.83

セスジスミゾメミノウミウシ
P.74

イチゴジャムウミウシ
P.76

ヨセナミウミウシ（仮称）
P.84

ユキヤマウミウシ
P.77

クチナシイロウミウシ
P.78

ミドリリュウグウウミウシ
P.79

サンカクウミウシ
P.85

ゾウアメフラシ
P.64

キスジカンテンウミウシ
P.72

コンペイトウウミウシ
P.73

カノコウロコウミウシ
P.86

サフランイロウミウシ
P.88

ミノウミウシ上科の1種2
P.87

クリヤイロウミウシ
P.89

ヒラツヅレウミウシ
P.90

ミヤコウミウシ
P.91

81

カラスキセワタ
Philinopsis speciosa

9mm／鹿児島・奄美大島 8m／E-M5

普段はあまり見かけないのですが、ある日突然、砂の上で小さな個体を複数確認しました。近隣の数種も多数見られたので、何か条件がハマった日だったようです。

ツルガチゴミノウミウシ
Favorinus tsuruganus

8mm／静岡・伊豆 8m／C-750UZ

卵を食べる種類のウミウシが他のウミウシの卵を食べているシーンです。ウミウシファンとしてはちょっと複雑な心境ですが、栄養価が高い卵を食べることは生きるための知恵でもあるのです。

ヨセナミウミウシ（仮称）
Ceratosoma sinuatum

11mm／鹿児島・奄美大島／E-M5
ニコッと笑っているように見えませんか？撮影している私も最高にハッピーになれる瞬間でした。以前はミアミラウミウシに分類されていましたが、現在は別種となりヨセナミウミウシの仮称で呼ばれています。

サンカクウミウシ
Doris immonda

14mm／鹿児島・奄美大島　4m／E-M5
背中の模様が三角形になることからこの名前になった
そうですが、三角にならない個体もけっこういます。この
個体は触角の間が見事な三角模様になってますね。

カノコウロコウミウシ
Cyerce kikutarobabai

10mm／鹿児島・奄美大島 4m／E-M5
上からの構図なので、両目がはっきり写ってます（右端の小さな二つの黒い点が目です）。ウミウシの目の位置がわかると、また違う表情が見えてくると思いますよ。

ミノウミウシ上科の1種2
Aeolidoidea sp.2

30mm／鹿児島・奄美大島 10m／E-M5
初めて潜る場所で見つけたミノウミウシの仲間の不明種です。転石下にいたので夜行性かもしれませんね。新しい場所を開拓することは大切だと今更ながらに実感した出会いでした。

サフランイロウミウシ
Noumea crocea

25mm／鹿児島・奄美大島 12m／E-M5
青い背景に黄色いウミウシってとっても相性が良いと思います。いつもとは違う露出設定で背景をブルーに抜いて撮影してみました。新しく導入したデジカメはこういう設定操作がやりやすいです。

クリヤイロウミウシ
Mexichromis mariei

12mm／鹿児島・奄美大島　4m／E-M5
似ている種がいくつかいますが、背中の白い部分に小さな突起が多数あることで見分けることができます。実は私も別の種類と間違えていたことがありました。

ヒラツヅレウミウシ
Discodoris boholiensis

15mm／鹿児島・奄美大島 9m／E-M5

目視では見た目も動きもウミウシ似の「ヒラムシ」に見えたのですが、念のため撮影して細部を確認したら、初めて見るウミウシでした。名前を調べて納得、ヒラムシ似のウミウシだったのです。

ミヤコウミウシ
Dendrodoris denisoni
5mm／神奈川・真鶴 0.5m／C-700UZ
肉眼による観察ではウミウシかどうかの確認が困難なほど小さな個体でしたが、撮影したその姿は息を呑むほどの美しさでした。これが超マクロ撮影の醍醐味ですね。

おわりに

　ウミウシを追い求め、生まれ育った神奈川から鹿児島の離島「奄美大島」に移住して10年が過ぎました。このような節目の年にウミウシ写真集の三作目を出版できることは感極まりない思いです。そして、今後の撮影意欲にも強く繋がっていることを感じております。これもひとえにウミウシファンの方々のご支援があったからこそ実現できたと実感し、深く感謝しております。ありがとうございました。

　私がウミウシを撮影するようになってからの13年半で約550種類のウミウシたちに出会うことができました。これは、日本に生息するウミウシの半数に相当し、「日本のウミウシを全て撮影する」という目標の中間点に達したことになります。まだまだ終着点は見えてきませんが、意のままにウミウシを撮影できる新しい水中カメラシステムを構築した今、これから出会うウミウシたちに、胸ときめかせ、心躍らせています。どうぞ、今後の撮影活動にもご期待ください。

今本　淳

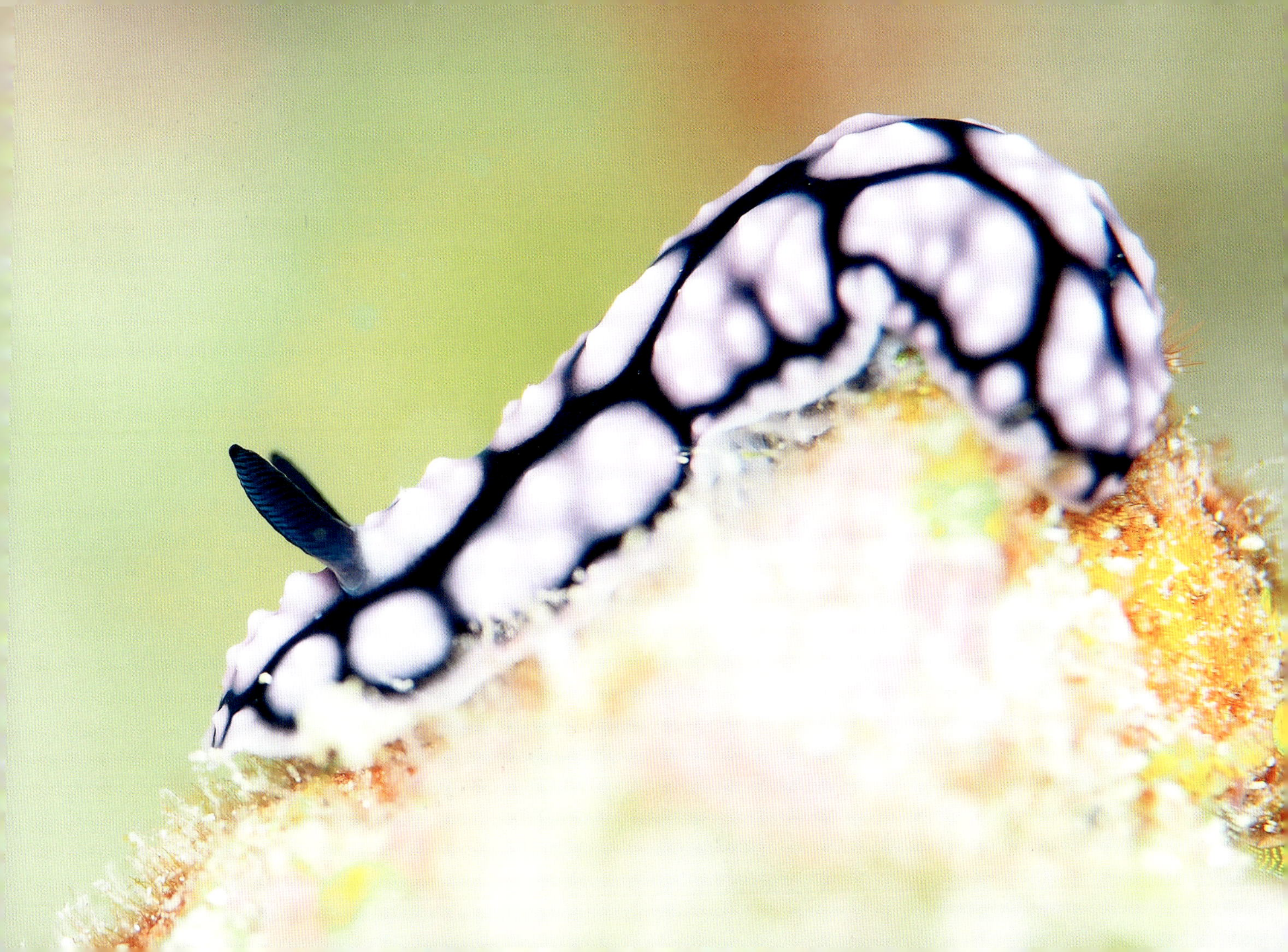

索引

ア

アオウミウシ	*Hypselodoris festiva*	30
アカネコモンウミウシ	*Chromodoris collingwoodi*	12
アデヤカイボウミウシ	*Phyllidiopsis cardinalis*	09
アデヤカミノウミウシ	*Flabellina exoptata*	08,68
アマクサウミコチョウ	*Gastropteron bicornutum*	20
アマミウミコチョウ	*Gastropteron* sp.	21
アンナウミウシ	*Chromodoris annae*	71
イチゴジャムウミウシ	*Aldisa* sp.	76
ウスイロウミウシ	*Hypselodoris placida*	31
ウデフリツノザヤウミウシ	*Thecacera pacifica*	10,57
オオコノハミノウミウシ	*Phyllodesmium longicirrum*	16
オトヒメウミウシ	*Chromodoris kuniei*	33

カ

カナメイロウミウシ	*Hypselodoris kaname*	45
カノコウロコウミウシ	*Cyerce kikutarobabai*	86
カラスキセワタ	*Philinopsis speciosa*	82
キイロイボウミウシ	*Phyllidia ocellata*	69
キスジカンテンウミウシ	*Halgerda diaphana*	72
キャラメルウミウシ	*Glossodoris rufomarginata*	54
クサイロモウミウシ	*Costasiella paweli*	48
クチナシイロウミウシ	*Hypselodoris whitei*	78
クリヤイロウミウシ	*Mexichromis mariei*	89
クロコソデウミウシ	*Polycera hedgpethi*	37
クロスジアメフラシ	*Stylocheilus striatus*	11
クロスジリュウグウウミウシ	*Nembrotha lineolata*	32,36
クロミドリガイ	*Elysia atroviridis*	29
コイボウミウシ	*Phyllidiella pustulosa*	19
コールマンウミウシ	*Chromodoris colemani*	58
ゴマフビロードウミウシ	*Jorunna parva*	28
コンペイトウウミウシ	*Halgerda carlsoni*	73

サ

サフランイロウミウシ	*Noumea crocea*	88
サンカクウミウシ	*Doris immonda*	85
ジボガウミウシ	*Glossodoris misakinosibogae*	42
シライトウミウシ	*Chromodoris magnifica*	13,33
シロボンボンウミウシ	*Gymnodoris* sp.	34
シンデレラウミウシ	*Hypselodoris apolegma*	17
セスジスミゾメミノウミウシ	*Protaeolidiella juliae*	74
セスジミノウミウシ	*Flabellina rubrolineata*	22
ゾウアメフラシ	*Aplysia gigantea*	64
ゾウゲイロウミウシ	*Hypselodoris bullocki*	17,26

タ

タテヒダイボウミウシ	*Phyllidia varicosa*	32
ダンゴイボウミウシ	*Ceratophyllidia africana*	27
チギレフシエラガイ	*Berthella martensi*	62
チシオウミウシ	*Aldisa cooperi*	65
ツルガチゴミノウミウシ	*Favorinus tsuruganus*	83
トウヨウモウミウシ	*Aplysiopsis orientalis*	53

ナ

ニシキリュウグウウミウシ属の1種	*Tambja* sp.	43
ネズミウミウシ	*Platydoris tabulata?*	52
ノウメア・ワリアンス	*Noumea varians*	57, 67

ハ

ハナオトメウミウシ	*Dermatobranchus ornatus*	44
ヒオドシユビウミウシ	*Bornella anguilla*	18
ヒラツヅレウミウシ	*Discodoris boholiensis*	90
ヒロウミウシ	*Okenia hiroi*	35
フィロデスミウム・クリプティクム	*Phyllodesmium crypticum*	49
フトガヤミノウミウシ	*Cuthona yamasui*	14, 68
プラティドーリス・サングイネア	*Platydoris sanguinea*	59
フレリトゲアメフラシ	*Bursatella leachii*	46
ホシゾラウミウシ	*Hypselodoris infucata*	56

マ

マダライロウミウシ	*Risbecia tryoni*	63
ミチヨミノウミウシ	*Cuthona sibogae*	47
ミドリリュウグウウミウシ	*Tambja morosa*	79
ミノウミウシ上科の1種1	*Aeolidoidea* sp.1	23
ミノウミウシ上科の1種2	*Aeolidoidea* sp.2	87
ミヤコウミウシ	*Dendrodoris denisoni*	91

ヤ

ユキヤマウミウシ	*Reticulidia fungia*	77
ヨセナミウミウシ（仮称）	*Ceratosoma sinuatum*	84

ラ

リュウグウウミウシ	*Roboastra gracilis*	66
リュウモンイロウミウシ	*Hypselodoris maritima*	70
ルージュミノウミウシ	*Flabellina rubropurpurata*	55
ロマノータス・ウエルミフォルミス	*Lomanotus vermiformis*	15

今本 淳 の 仕事

『ウミウシ 不思議ないきもの』
(二見書房)
へんなやつ、でも美しい――大きな反響を巻き起こした、日本初のウミウシ写真集第一弾。

『ウミウシ 不思議ないきもの かわいいウミウシ』
(二見書房)
三年ぶりの第二弾! 不思議でしかもキモくてカワイくて、美しいウミウシたちの姿をど〜んと満載!

『ウミウシ 不思議ないきもの』
(発売＝テレコムスタッフ、販売＝ジェネオン・ユニバーサル・エンターテインメント)
海の中でゆらゆら動く、かわいいウミウシを動画で楽しめる画期的なDVD。

美しく不思議なウミウシ

写真・文　今本 淳

発行所　株式会社 二見書房
　　　　東京都千代田区三崎町2-18-11
　　　　電話　03(3515)2311 営業
　　　　　　　03(3515)2313 編集
　　　　振替　00170-4-2639

ブックデザイン　ヤマシタツトム＋ヤマシタデザインルーム

印刷／製本　図書印刷株式会社

落丁・乱丁本はお取り替えいたします。定価は、カバーに表示してあります。
©Jun Imamoto 2014,Printed in Japan
ISBN978-4-576-14024-7
http://www.futami.co.jp/

Special Thanks
・ネイティブシー奄美
・アマミエンシス
・日本アクアラング株式会社
・オリンパスイメージング株式会社

参考書籍・論文・Webサイト
・「ウミウシ学」平野義明/2000/東海大学出版
・「本州のウミウシ」中野 理枝/2004/ラトルズ
・「沖縄のウミウシ」小野 篤司/2004/ラトルズ
・「Indo-Pacific Nudibranchs and Sea Slugs」Terrence Gosliner,
　David Behrens,Angel Valdes/2008/Sea Challengers Natural History Books
・「ベータ版日本のウミウシ version 1.0」中野 理枝/2012
・ちりぼたん Vol.43, No.1-4(2003) 南西諸島の後鰓類1 頭楯亜目 中野理枝 今川郁 今本淳
・The Sea Slug Forum　http://www.seaslugforum.net/